PRINCIPES de MUSIQUE

ET

MÉTHODE ÉLÉMENTAIRE

POUR

INSTRUMENTS DE CUIVRE

Petit Bugle mi b _ Cornet _ Bugle si & la b.
Alto mi b _ Baryton _ Trombone & Ophicléide

NOMENCLATURE COMPLÈTE
DES DIFFÉRENTS TERMES EMPLOYÉS EN MUSIQUE

Dédié à

Monsieur ACHILLE LAVIARDE

Président de la Société l'Union fanfare Rémoise,
Chevalier-Officier de St Marin _ Officier de l'Ordre du Nichan

composé par

P. J. BOUCHE

Professeur et Chef de Musique à Reims

Reims. EMILE MENNESSON, Editr 18, rue des Tapissiers
Paris. G. HARTMANN, 19, Boud de la Madeleine

1869

PRINCIPES de MUSIQUE

ET

MÉTHODE ÉLÉMENTAIRE

POUR

INSTRUMENTS DE CUIVRE.

Petit Bugle mi b_ Cornet _ Bugle si & la b.
Alto mi b_ Baryton_Trombone & Ophicléïde

NOMENCLATURE COMPLÈTE
DES DIFFÉRENTS TERMES EMPLOYÉS EN MUSIQUE

Dédié à

Monsieur ACHILLE LAVIARDE

Président de la Société l'Union fanfare Rémoise,
Chevalier-Officier de S! Marin _ Officier de l'Ordre du Nichan

composé par

P.J. BOUCHE

Professeur et Chef de Musique à Reims

Reims, EMILE-MENNESSON, Editr, 12, rue des Tapissiers.
Paris, G. HARTMANN, 19, Bould de la Madeleine.

(1869.)

En publiant ce petit ouvrage, je n'ai pas la prétention d'exposer une méthode plus savante que celles qui ont parues jusqu'à présent; au contraire, j'ai voulu être plus élémentaire, plus à la portée des commençants, et les preparer par des exercices d'une grande simplicité, à l'étude des grandes méthodes et des exercices speciaux.

Depuis quarante ans que j'exerce le professorat, j'ai remarqué que les morceaux d'étude contenus dans les méthodes sont généralement trop avancés, et leur diapason trop étendu pour les élèves, qui, à moins de dispositions exceptionnelles, ne peuvent obtenir que les sons du médium ou quelques sons graves, sans pouvoir atteindre les notes aigües de l'instrument.

Il en résulte ainsi un decouragement chez l'étudiant; grave inconvénient que cette méthode a pour but d'éviter, en facilitant l'étude par des morceaux assez chantants pour intéresser l'élève et dont la difficulté n'augmente que progressivement.

Trop heureux, si je puis réussir à encourager les débuts d'un art aussi beau que celui de la musique et avoir la satisfaction d'un accueil bienveillant à mon modeste ouvrage.

BOUCHÉ,
Professeur et Chef de Musique.

PRINCIPES DE MUSIQUE

ARTICLE 1.

Demande........ Qu'est-ce que la musique?
Réponse........ La Musique est l'art de combiner ou d'exprimer les Sons.
D........ Qu'est-ce que le Son?
R........ Le Son est le résultat des vibrations d'un corps sonore.
D........ Comment écrit-on la musique?
R........ On écrit la musique avec des caractères appelés notes.
D........ Comment place-t-on les notes?
R........ On place les notes sur les lignes ou entre les lignes de la portée.
D........ Qu'est ce que la portée?
R........ La portée est la réunion de cinq lignes tracées horizontalement, et qui se comptent de bas en haut.

1e ligne

D........ N'y a-t-il pas encore d'autres lignes?
R........ Oui il y a d'autres lignes que l'on nomme lignes supplémentaires, et qui se posent au dessous, ou au dessus de la portée.

lignes supplémentaires.

lignes supplémentaires.

ARTICLE 2.

D........ Combien y a-t-il de notes dans la musique?
R........ Il y en a sept.
D........ Comment les nomme-t-on?
R........ Do, Ré, Mi, Fa, Sol, La, Si.
D........ Qu'est-ce qu'une Clef?
R........ Une Clef est un signe que l'on met au commencement de la portée, et qui donne son nom à la note posée sur la même ligne.
D........ Combien y a-t-il de Clefs?
R........ Il y a trois Clefs qui sont, 1º la Clef de Sol qui se pose sur la deuxième ligne et qui est la plus usitée; 2º la Clef d'Ut (*ou Do*) qui se pose sur la 1re 2e 3e et 4e ligne, 3º la Clef de Fa qui se pose sur la 4e ligne.

Clef de Sol. Clef d'Ut. Clef de Fa.

EXEMPLE. 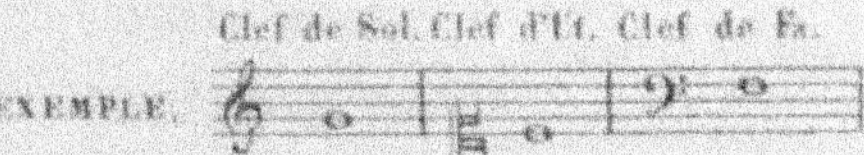

ARTICLE 3.

Du nom, et de la valeur des Notes.

D..... Combien y a-t-il de sortes de valeurs de musique?

R..... Il y en a sept; voici leurs noms avec la forme particulière de chacune d'elles.

La Ronde ....

La Blanche..

La Noire..

La Croche..

La Double-croche..

La Triple-croche ....

La Quadruple-croche ....

DIVISION DE LA RONDE.

La Ronde..........................
vaut
2 Blanches..........................
4 Noires..........................
8 Croches..........................
16 Doubles-croches....
32 Triples-croches.....
64 Quadruples-croches

DIVISION DE LA BLANCHE.

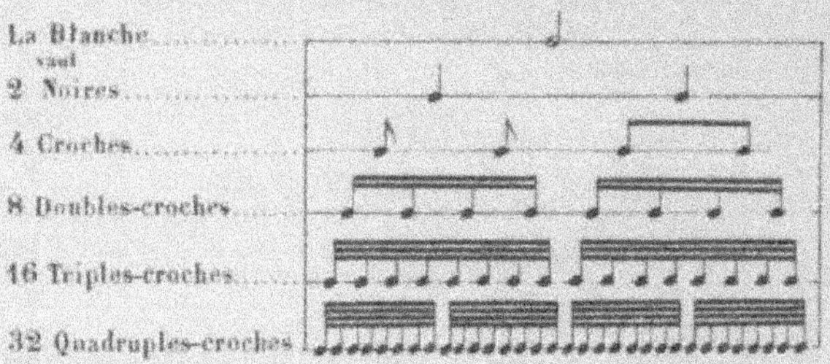

La Blanche..........................
vaut
2 Noires..........................
4 Croches..........................
8 Doubles-croches.....
16 Triples-croches.....
32 Quadruples-croches

DIVISION DE LA NOIRE.

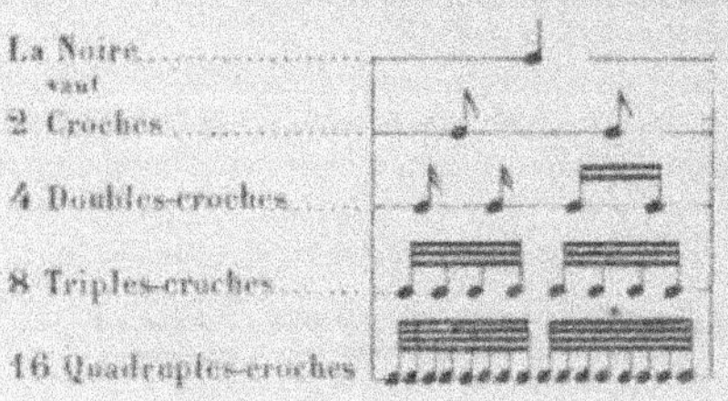

La Noire..........................
vaut
2 Croches ....
4 Doubles-croches.....
8 Triples-croches.....
16 Quadruples-croches

DIVISION DE LA CROCHE.

La Croche.........

2 Doubles-croches....

4 Triples-croches.....

8 Quadruples-croches

DIVISION DE LA DOUBLE-CROCHE.

La Double-croche......

2 Triples-croches......

4 Quadruples-croches

DIVISION DE LA TRIPLE-CROCHE.

La Triple-croche.......

2 Quadruples-croches

ARTICLE 4.

De la valeur du Point après la note.

D...... Que fait le Point après la note?
R...... Il augmente la note de la moitiée de sa valeur.
D...... Combien vaut une Ronde avec un point.........

R..................trois Blanches ....

D...... Combien vaut une Blanche avec un point.........

R..................trois Noires.........

D...... Combien vaut une Noire avec un point.........

R..................trois Croches ....

D...... Combien vaut une Croche avec un point.........

R..................trois Doubles-croches.........

D...... Combien vaut une Double-croche avec un point.........

R..................trois Triples-croches ....

D...... Combien vaut une Triple-croche avec un point ....

R..................trois Quadruples-croches.........

Un second point augmente encore la note de la moitiée de la valeur du premier point.........

DES TRIOLETS.

D...... Qu'est-ce qu'un Triolet?
R...... Le Triolet est un groupe de trois notes désigné par un 3, il y a aussi les Sixains désignés par un 6, les triolets prennent la valeur de deux notes, et les sixains la valeur de quatre notes.

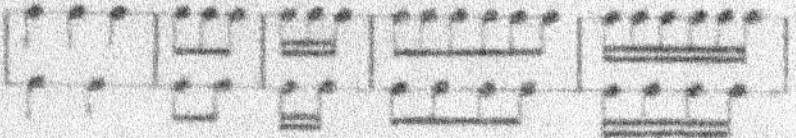

ARTICLE 5.

Dénomination figure et valeur des Silences.

D ...... Qu'est-ce que les silences?

R ...... Les Silences sont des signes indiquant l'interruption des sons pendant la durée des valeurs qu'ils representent.

D ...... Combien y a-t-il de silences?

R ...... On en compte neuf.

D ...... Nommez-les?

R ...... Le Bâton de 4 pauses ....

Le Bâton de 2 pauses ....

La Pause ....

La Demi-pause ....

Le Soupir ....

Le Demi-soupir ....

Le Quart de soupir ....

Le Huitième de soupir ....

Le Seizième de soupir ....

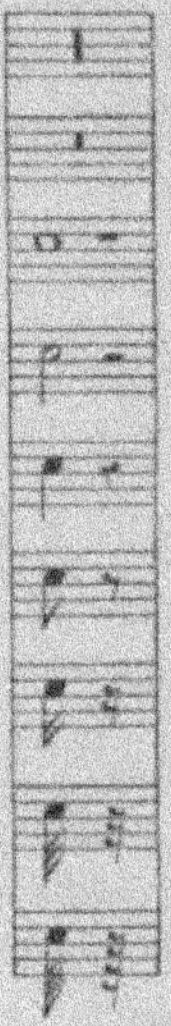

ARTICLE 6.

De la Mesure et des signes des mesures.

D ...... Qu'est-ce que la mesure?

R ...... La Mesure est la division de la durée des sons en parties égales que l'on nomme temps.

D ...... Comment sépare-t-on les mesures?

R ...... On sépare chaque mesure par une ligne verticale que l'on appelle Barre de mesure. 2. Barre de mesure.

D ...... Combien y a-t-il de mesures simples ou usitées?

R ...... Il y en a trois, la Mesure à deux temps, la Mesure à trois temps, la Mesure à quatre temps.

D ...... Comment se marque la mesure à deux temps?

R ...... La mesure à deux temps se marque par un 2, ou par un 2 avec un 4 dessous, ou par un C barré ....

D ...... Comment se bat la mesure à deux temps?

R ...... Le premier temps est frappé le 2e est levé ....

D ...... Comment se marque la mesure à trois temps?

R ...... La mesure à trois temps se marque par un 3, ou par un 3 avec un 4 dessous

D ...... Comment se bat la mesure à trois temps?

R ...... On frappe le premier temps, le deuxième tourné à droite, le troisième levé

D ...... Comment se marque la mesure à quatre temps?

R ...... La mesure à quatre temps se marque par un C ....

D ..... Comment se bat la mesure à quatre temps?
R ..... On frappe le premier, le deuxième à gauche, le troisième à droite, le quatrième levé.

ARTICLE 7.

Des mesures composées dérivées des mesures simples.

D ..... Combien y a-t-il de mesures composées?
R ..... Il y en a trois: la Mesure à six-huit, la Mesure à trois-huit, et la Mesure à douze-huit.
D ..... Comment se marque la mesure à six-huit?
R ..... La mesure a six-huit se marque par un 6 avec un 8 dessous ....
D ..... De quelle mesure simple dérive la mesure à six-huit?
R ..... De la mesure à deux temps.
D ..... Comment se marque la mesure à trois-huit?
R ..... La mesure à trois-huit se marque par un 3 avec un 8 dessous ....
D ..... De quelle mesure simple dérive la mesure à trois-huit?
R ..... De la mesure à trois temps.
D ..... Comment se marque la mesure à douze-huit?
R ..... La mesure à douze-huit se marque par un 12 avec un 8 dessous ....
D ..... De quelle mesure simple dérive la mesure à douze-huit?
R ..... De la mesure à quatre temps.

ARTICLE 8.

Des Tons et Demi-tons.

D ..... Qu'est-ce qu'un ton
R ..... On nomme Ton la plus grande distance qui existe entre deux notes naturelles qui se suivent; ainsi il y a un ton, de Do à Ré, de Ré à Mi, de Fa à Sol, de Sol à La, et de La à Si.
D ..... Combien y a-t-il de demi-tons?
R ..... Il y en a deux, le demi-ton diatonique, et le demi-ton chromatique.
D ..... Qu'est-ce que le demi-ton diatonique?
R ..... Le demi-ton diatonique est l'interval existant entre deux notes de noms différents, qui peuvent être des notes naturelles.

EXEMPLE.

DEMI-TONS DIATONIQUES.

(1) 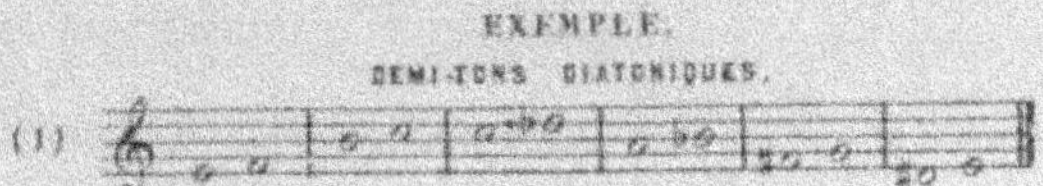

D ..... Qu'est-ce que le demi-ton chromatique?
R ..... Le demi-ton chromatique est l'interval existant par l'emploie du dièze ou du bémol entre deux mêmes notes placées sur la même ligne, ou sur le même interligne.

EXEMPLE.

DEMI-TONS CHROMATIQUES.

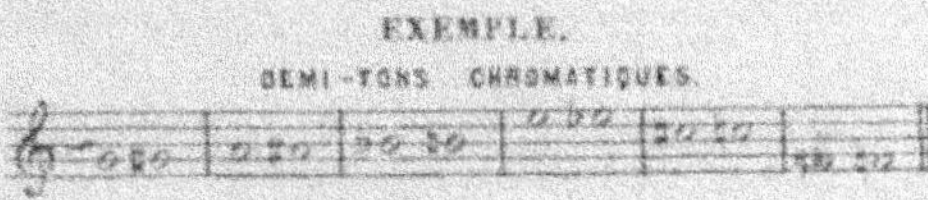

(1) *Voir l'article suivant pour l'explication du dièze et du bémol.*

ARTICLE 9.

DES ACCIDENTS.

De la figure du Dièse, du Bémol et du Bécarre.

Dièse .... ♯

Bémol .... ♭

Bécarre .... ♮

Double-dièse .... ♯♯ ou ×

Double-bémol .... ♭♭

D...... Que fait le dièse devant une note?
R...... Le dièse hausse la note d'un demi-ton chromatique.
D...... Que fait le bémol devant une note?
R...... Le bémol baisse la note d'un demi-ton chromatique.
D...... Que fait le bécarre devant une note?
R...... Le bécarre remet la note dans son ton naturel.
D...... Comment faut-il que soit la note pour pouvoir mettre un bécarre devant?
R...... Il faut que la note soit d'abord diésée ou bémolisée.
D...... Que fait le double-dièse devant une note?
R...... Le double-dièse hausse la note de deux demi-tons chromatiques.
D...... Que fait le double-bémol devant une note?
R...... Le double-bémol baisse la note de deux demi-tons chromatiques.
Ces deux accidents s'emploient pour hausser ou baisser de nouveau une note précédemment diésée ou bémolisée.

ARTICLE 10.

De la position des Dièses et des Bémols.

D...... Combien y a-t-il de dièses?
R...... Il y en a sept.
D...... Comment se posent les dièses?
R...... Les dièses se posent de quinte en quinte en montant.
D...... Qu'est-ce qu'une Quinte?
R...... Une Quinte est l'intervalle de cinq notes.

EXEMPLES.

D...... Où se pose le premier dièse .... *R*...... Sur le Fa.
D .... le second .... *R*...... Sur le Do.
D .... le troisième .... *R*...... Sur le Sol.
D .... le quatrième .... *R*...... Sur le Ré.
D .... le cinquième .... *R*...... Sur le La.
D .... le sixième .... *R*...... Sur le Mi.
D .... le septième .... *R*...... Sur le Si.

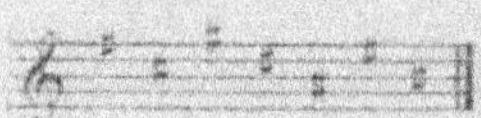

D...... Comment se posent les bémols?
R...... Les bémols se posent de quinte en quinte en descendant en sens inverse des dièses.

D...... On se pose le premier bémol .... *R*.......... Sur le Si.
D.................. le second .... *R*.......... Sur le Mi.
D.................. le troisième .... *R*.......... Sur le La.
D.................. le quatrième .... *R*.......... Sur le Ré.
D.................. le cinquième .... *R*.......... Sur le Sol.
D.................. le sixième .... *R*.......... Sur le Do.
D.................. le septième .... *R*.......... Sur le Fa.

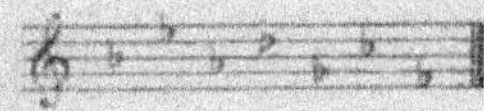

ARTICLE 11.

Du Mode majeur et du Mode mineur.

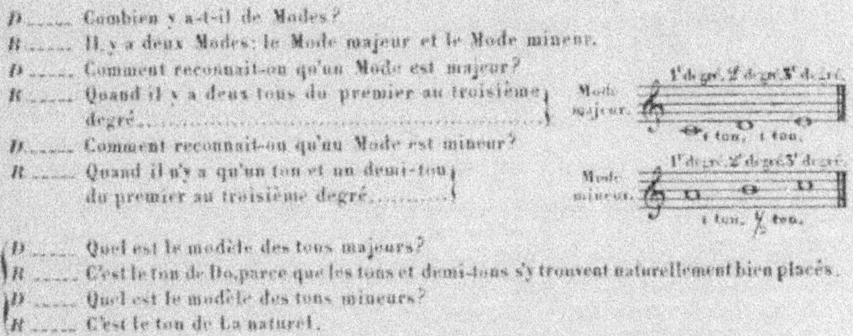

D...... Combien y a-t-il de Modes?
R...... Il y a deux Modes: le Mode majeur et le Mode mineur.
D...... Comment reconnait-on qu'un Mode est majeur?
R...... Quand il y a deux tons du premier au troisième degré..........
D...... Comment reconnait-on qu'un Mode est mineur?
R...... Quand il n'y a qu'un ton et un demi-ton du premier au troisième degré..........

(1) *D*...... Quel est le modèle des tons majeurs?
R...... C'est le ton de Do, parce que les tons et demi-tons s'y trouvent naturellement bien placés.
D...... Quel est le modèle des tons mineurs?
R...... C'est le ton de La naturel.

ARTICLE 12.

Du nombre de dièses qu'il faut à chaque ton majeur, et des tons mineurs relatifs.

D...... Dans quel ton est un morceau lorsqu'il n'y a ni dièses ni bémols à la Clef?
R...... En Do majeur, ou en La mineur.
D...... Et avec un dièse à la Clef .... *R*...... En Sol majeur, ou en Mi mineur.
D...... Et avec deux .... *R*...... En Ré majeur, ou en Si mineur.
D...... Et avec trois .... *R*...... En La majeur, ou en Fa dièse mineur.
D...... Et avec quatre .... *R*...... En Mi majeur, ou en Do dièse mineur.
D...... Et avec cinq .... *R*...... En Si majeur, ou en Sol dièse mineur.
D...... Et avec six .... *R*...... En Fa dièse majeur, ou en Ré dièse mineur.
D...... Et avec sept .... *R*...... En Do dièse majeur, ou en La dièse mineur.

MAJEUR	Do.	Sol.	Ré.	La.	Mi.	Si.	Fa ♯.	Do ♯.
Relatif MINEUR	La.	Mi.	Si.	Fa ♯.	Do ♯.	Sol ♯.	Ré ♯.	La ♯.

(1) *Voir article 14 exemple 1er et 2e.*

ARTICLE 13.

Du nombre de bémols qu'il faut à chaque ton majeurs, et des tons mineurs relatifs.

D..... Dans quel ton est un morceau avec un Bémol à la Clef. ......*R*.....En Fa majeur ou en Ré mineur.
D..... Et avec deux ......*R*.....En Si bémol majeur, ou en Sol mineur.
D..... Et avec trois......*R*..... En Mi bémol majeur, ou en Do mineur.
D..... Et avec quatre......*R*..... En La bémol majeur, ou en Fa mineur.
D..... Et avec cinq ......*R*..... En Re bémol majeur, ou en Si bémol mineur.
D..... Et avec six......*R*..... En Sol bémol majeur, ou en Mi bémol mineur.
D..... Et avec sept ......*R*..... En Do bémol majeur, ou en La bémol mineur.

MAJEUR. Fa. Si b. Mi b. La b. Ré b. Sol b. Do b.
Relatif
MINEUR. Ré. Sol. Do. Fa. Si b. Mi b. La b.

ARTICLE 14.

Notions générales sur la Gamme Diatonique et la Gamme Chromatique.

D..... Vous avez vu dans l'article deuxième que la gamme se composait de sept notes, dites-moi combien ces sept notes font de tons?
R..... Ces sept notes font cinq tons et deux demi-tons majeurs, lorsqu'on y joint l'octave qui est la répétition du premier son.
D..... Entre quels degrés se trouvent les deux demi-tons dans le mode majeur?
R..... Du troisième au quatrième degré, et du septième au huitième.
D..... Entre quels degrés se trouvent les deux demi-tons dans le mode mineur?
R..... Du deuxième au troisième degré, et du septième au huitième.
D..... Pourquoi nomme t'on degré la place occupée par les demi-tons?
R..... Parce que ce mot indique la place de chaque note dans une gamme.

GAMME DIATONIQUE ASCENDANTE

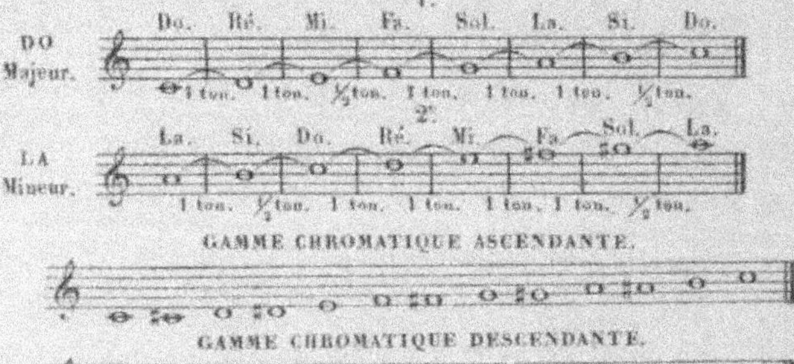

ARTICLE 15.

De l'Intervalle des notes dans l'ordre naturel.

D ___ Comment nommez-vous deux notes placées sur le même degré, Do et Do, par exemple. .... R ___ Unisson.
D .... l'intervalle de Do à Ré .... R ___ Seconde.
D .... Do à Mi .... R ___ Tierce.
D .... Do à Fa .... R ___ Quarte.
D .... Do à Sol .... R ___ Quinte.
D .... Do à La .... R ___ Sixte.
D .... Do à Si .... R ___ Septième.
D .... Do à Do .... R ___ Octave.

EXEMPLE.

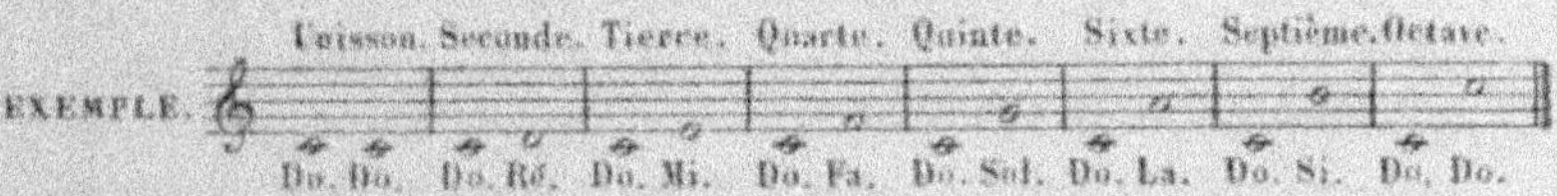

RENVERSEMENT DES INTERVALLES.

D ___ Que devient un Unisson renversé .... R ___ Octave.
D .... une Seconde renversée .... R ___ Septième.
D .... une Tierce renversée .... R ___ Sixte.
D .... une Quarte renversée .... R ___ Quinte.
D .... une Quinte renversée .... R ___ Quarte.
D .... une Sixte renversée .... R ___ Tierce.
D .... une Septième renversée .... R ___ Seconde.
D .... une Octave renversée .... R ___ Unisson.

EXEMPLE.
Renversement.

ARTICLE 16.

(1) Du Coulé, du Détaché, du Point d'Orgue, du Point d'arret, des Reprises, des Renvois, des Abréviations.

D ___ Quel est l'effet du coulé? ⁀
R ___ Lorsqu'il est placé au dessus d'un groupe de notes, le coulé indique dans ce cas que l'on doit exécuter les notes sans mettre entr'elles la moindre interruption.

---

(1) *Pour modifier la manière d'exécuter les notes, on emploie divers signes dont voici la figure:* 1º *le coulé* ⁀ 2º *le détaché* . . . . *ou* ' ' ' ' 3º *le point d'orgue* 𝄐

D..... Qu'entend on par détaché? . . . .

R..... On appelle détaché, le genre d'articulation plus ou moins vive par laquelle on rend les notes lorsqu'elles ne sont pas liées, on les surmonte de points. . . .

D..... Qu'est-ce qu'un point d'Orgue? 𝄐

R..... Le point d'Orgue est un signe 𝄐 de repos qui suspend la mesure et prolonge à volonté la note au-dessus de la quelle il est placé.

D..... Qu'est-ce qu'un point d'arrêt?

R..... Le point d'Arrêt n'est pas autre chose que le point d'Orgue, qui au lieu d'être placé sur une note se trouve au-dessus d'un silence, et prend alors le nom de point d'Arrêt.

D..... Qu'est ce qu'un signe de reprise?

R..... Un signe de reprise est l'assemblage de deux barres verticales tel qu'il est representé ci-dessous.
Il sert aussi à séparer les différentes parties d'un morceau, soit pour faire remarquer un changement de ton ou de mouvement, soit pour indiquer la fin du morceau. ‖

Lorsqu'il y a deux points à gauche des deux barres c'est pour indiquer que la reprise doit être faite deux fois. ‖: :‖

D..... Qu'est-ce qu'un renvoi?

R..... Le renvoi est un signe indiquant qu'il faut reprendre à l'endroit où se rencontre le signe semblable. On se sert pour les renvois de plusieurs figures, ainsi 𝄋 ⊕ ✢

D..... Qu'est-ce qu'une abréviation?

R..... L'abréviation sert à marquer la répétition de la mesure précédente.

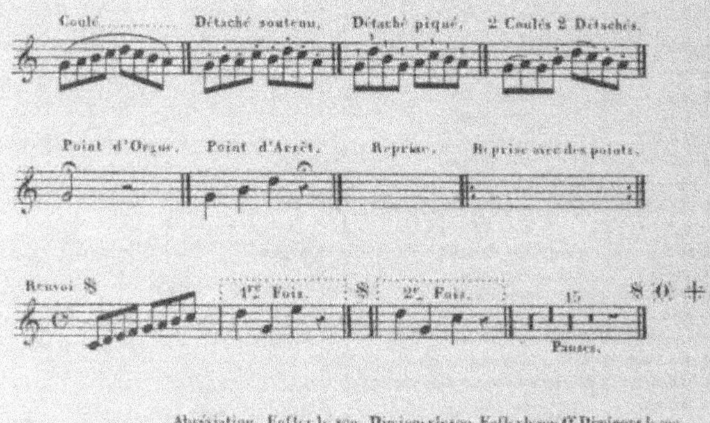

TABLE ALPHABÉTIQUE DES MOUVEMENTS ÉT NUANCES.

A.

Adagio.................... Lentement, posément.
Affettuoso.................... Affectueux.
Andante.................... Gracieux, avec abandon.
Andantino.................... Moins lent qu Andante.
Allegretto.................... Mouvement modéré.
Allegro.................... Vif, gai, animé.
Agitato.................... Agité.
Accelerando.................... En accélérant.
Animato.................... Animé.
Agevole.................... Léger.
Ad libitum.................... A volonté.
A piacere.................... A plaisir.
Assai.................... Beaucoup.
Alla brève.................... Mouvement bref.
Allargando.................... En élargissant.
A tempo 1°.................... 1er Mouvement.
Al segno.................... Allez au signe.
Al fine ou Al coda.......... A la fin.
Attacca subito.................... Attaque de suite.
Ardito.................... Hardi.

B.

Bene ou Ben.................... Bien.
Brillante.................... Brillant avec éclat.
Brioso.................... Vif, agile.
Ben marcato.................... Bien marqué.

C.

Cantabile.................... Chanter avec goût.
Con espressione.................... Avec expression.
Con brio.................... Brillant.
Con moto.................... Avec mouvement.
Con forza.................... Avec force.
Con calore.................... Avec chaleur.
Con fuoco.................... Avec feu.
Con allegrezza.................... Avec joie, allégresse.
Con delicatezza.................... Avec délicatesse.
Con gusto.................... Avec goût.
Con grazia.................... Avec grâce.
Con spirito.................... Avec esprit.
Con anima.................... Avec âme.
Con amore.................... Avec amour.
Con dolcezza.................... Avec douceur.
Con tenerezza.................... Avec tendresse.
Con dolore.................... Avec douleur.
Con malinconia.................... Avec melancolie.
Con maestà.................... Avec majesté
Con fretta.................... Avec vitesse.

Calando.................... En échauffant.
Crescendo.................... En augmentant.
Col canto ou Colla voce Avec la voix.
Come prima.................... Même mouvement.
Celeramente.................... Avec célérité.

D.

Doloroso.................... Douloureux.
Dolce.................... Doux.
Diminuendo ou *Decrescendo*.................... En diminuant.
Da capo.................... Au commencement.
Dolcissimo.................... Très-doux.
Delicato.................... Delicatement.
Deciso.................... Décidé.
Desinvolto.................... Dégagé.

E.

Esenza replica.................... Sans faire de reprises.
Espressivo.................... Expressif.
Elegantemente.................... Elégamment.
Energico ou *Energicamente*.................... Energiquement.

F.

Flebile.................... Lamentable.
Flebilmente.................... Plaintivement.
Forte piano ..... *fp*......... Fort en éteignant le son.
Forte.......... *f*.......... Fort.
Fortissimo..... *ff*.......... Très-fort.
Fine ou per Finire.......... Fin, pour finir.

G.

Grâve.................... Le plus lent de tous les mouvements.
Grazioso.................... Gracieux.
Graziosamente.................... Gracieusement.

I.

Impetuoso.................... Impétueux, fougueux.

L.

Largo.................... Large, sévère.
Larghetto.................... Largement, moins sévère.
Lento.................... Lent.
Legato ...... *Leg*.......... Lié.
Leggiero..... *Legg*.......... Léger.
Lagrimoso.................... Larmoyant.
Leggieramente.................... Légèrement.
Lieto.................... Joyeux, gai.

M.

Maestoso .... Majestueux.
Marcia .... Marche.
Ma non troppo .... Mais pas trop.
Marcato .... Marqué.
Marcando il Basso .... Marquez la Basse.
Malinconico .... Mélancolique.
Moderato .... Modéré.
Mosso .... Animé.
Molto .... Beaucoup.
Morendo .... En mourant.
Mezzo-forte ..... *mf* ..... Demi-fort.
Minuetto .... Menuet.
Meno mosso .... Moins mouvementé.
Mezza-voce .... A mi-voix.
Mesto .... Triste.
Morbido .... Délicat.
Misterioso .... Mystérieux.
Misteriosamente .... Mystérieusement.

N.

Niente .... Rien sonorité à peine sensible.
Non troppo .... Pas trop.
Nobile .... Noble.
Nobilmente .... Noblement.

P.

Pianissimo ..... *PP* ..... Très faible, très doux.
Piano ..... *P* ..... Faible, doux.
Più .... Plus.
Piuttosto che .... Bien.
Più animato .... Plus animé.
Più mosso .... Plus mouvementé.
Più stretto .... Plus serré.
Poco a poco .... Peu à peu.
Portamento .... Porté.
Presto .... Vif, animé, rapide.
Prestissimo .... Impétueux très vif.
Polacca .... Polonaise.
Perdendosi .... En éteignant les sons.
Piangendo .... En pleurant.
Piacevole .... Affable.
Patetico .... Pathétique.
Pastorale ....
Placido .... Paisible, avec calme.
Portato
ou
Portando la voce .... En portant la voix.

Q.

Quasi .... Presque.

R.

Rinforzando .... En renforçant.
Ritardando .... En retardant.
Rallentando .... En rallentissant.
Risoluto .... Résolu.
Religioso .... Religieux.

S.

Sostenuto .... Soutenu, en soutenant les sons.
Scherzando .... En badinant, léger.
Sforzato .... Forcé subitement.
Smorzando .... En mourant.
Staccato .... Detaché.
Stringendo il tempo .. En serrant le mouvement.
Segue il canto .... Suivez le chant.
Sino al fine .... Jusqu'à la fin.
Sforzando .... En forçant le son.
Sotto voce ....
Semplicemente .... Simplement.
Spiritoso .... Spirituel.
Sciolto .... Délié, agile.
Solo .... Seul.
Soli .... Plusieurs.

T.

Tempo di minuetto .... Temps de menuet.
Tempo di marcia .... Temps de marche.
Tempo 1° .... 1er Mouvement.
Tenere -zza .... Tendre, avec tendresse.
Tenuto .... Tenu.
Tremolo .... Tremblé.
Tremolando .... En tremblant.

U.

Un pochetto .... Très peu.
Un poco .... Un peu.
Una corda .... Sur une seule corde.

V.

Vivace .... Avec vivacité.
Vivacissimo .... Très-vif.
Valze .... Valse.
Volti subito ..... *V. S.* ..... Tournez vite.
Vuoto .... Silence.
Vivo .... Vif.
Volteggiando .... En voltigeant.
Vibrato .... Vibré.
Vibrando la voce .... En faisant vibrer la voix.

FIN.

DES EMBOUCHURES EN GÉNÉRAL.

L'Embouchure d'un instrument à pistons, tel que Cornet, Bugle, Alto, Baryton etc... doit toujours être conique pour obtenir une belle qualité de son, une embouchure un peu large est préférable elle donne la sonoritée et les sons se trouvent plus pleins.

On place l'Embouchure les deux tiers sur la lèvre supérieure et l'autre tiers sur la lèvre inférieure qui doit être libre et fonctionner à volonté. Pour obtenir les sons aigus vous pincez et appuyez l'embouchure sur les lèvres; pour les sons graves vous lâchez les lèvres et appuyez moins fort l'embouchure, une fois l'embouchure posée sur les lèvres on ne doit plus la déranger de la place qu'elle occupe.

MANIÈRE D'ACCORDER LES INSTRUMENTS A PISTONS.

Pour accorder les notes naturelles sur les instruments à pistons on se sert de la coulisse d'accord.

Pour le Cornet à pistons le ton de Si ♭, la première et deuxieme coulisse enfoncées tout à fait, la troisième tirée de 7 millim... pour le ton de La, la première coulisse tirée de 10 millim.... la deuxième enfoncée, la troisième tirée de 16 millim.... pour le ton de La ♭, la première coulisse tirée de 12 millim...la deuxième enfoncée, la troisième tirée de 20 millim.... pour le ton de Sol, la première coulisse tirée de 18 millim...la deuxième tirée de 6 millim...la troisième tirée de 34 millim....

Pour les Bugles Si ♭, et La ♭, les coulisses se tirent comme pour le Cornet à pistons.

Pour l'Alto Mi ♭, la première coulisse tirée de 15 millim...la deuxième tirée de 4 millim... la troisième tirée de 24 millim...

Pour le Trombonne à pistons, la première coulisse tirée de 12 millim... la deuxième tirée de 6 millim... la troisième tirée de 30 millim...

Pour le Baryton et la Basse à pistons, la première coulisse tirée de 18 millim... la deuxième tirée de 6 millim... la troisième tirée de 40 millim...

Malgré les règles données ci-dessus pour régler les coulisses, et obtenir que toutes les notes soient parfaitement justes, cela dépend beaucoup de trois choses, 1º des lèvres, 2º de l'instrument plus ou moins bien perfectionné, 3º de l'oreille.

Voici la manière dont je me sers pour accorder les pistons, n'importe sur quel instrument, et je m'en suis toujours bien trouvé.

Avec les quatre premières notes, Sol, Si, Ré, Fa, vous mettez d'abord la deuxième et première coulisse d'accord, puisque la première note Sol étant naturelle il faut que Si, Ré, Fa, notes fictives se trouvent justes avec la note naturelle Sol, c'est alors que vous tirez vos coulisses de piston, la deuxième et la première plus ou moins, maintenant que le Ré, Fa, de la première coulisse se trouvent justes, vous faites le Ré, du médium avec le premier piston qui se trouve juste, et vous faites le Ré de l'octave d'en bas avec les pistons un et trois que vous mettez d'accord avec le premier piston, en tirant la troisième coulisse, puis vous faites Fa, du premier piston et de la première gamme qui doit se trouver juste puisque la première coulisse à été mise d'accord par le Ré, et le Fa de la deuxième gamme, puis le La, de la première gamme pour mettre les deux pistons 1 et 2 d'accord, vous finissez alors par Sol, la quinte, et Do la tonique qui sont deux notes naturelles et justes, de cette manière vous devez avoir un instrument juste.

NOTES NATURELLES PRODUITES SANS PISTONS, ET AVEC LES PISTONS.

ETENDUE DES INSTRUMENTS A PISTONS AVEC DES DIÈSES ET BÉMOLS.

1re Leçon.
GAMME POUR BARYTON SYSTÈME BESSON.
No. 2.
No. 3.
No. 4.
No. 5.
No. 6.
No. 7.

Nº 8.
Nº 9.
Nº 10.
Nº 11.
Nº 12.
Nº 13.
FIN.
Nº 14.
D.C.

N° 15.
N° 16.
N° 17.
GAMME POUR BARYTON SYSTEME BESSON.

Allegro.
Nº 18.
Moderato.
Nº 19.
Allegro.
Nº 20.
Allegro.
Nº 21.

Andante.
Nº 22.
Rall.
Allegro.
Nº 23.

Nº 24.

Andante.
Nº 26.
Allegro.
Nº 27.

Allegro.
N° 28.
N° 29.
Allegretto.
N° 30.

Allegro.
Nº 31.
Allegro.
Nº 32.

Allegro.
N° 33.
Andante.
N° 34.

Allegro.
Nº 35.

Allegro.
N° 36.
N° 37.
1 2
1
1
1 2
1
Allegro.
N° 38.

Moderato.
N° 49.
Moderato.
N° 40.
FIN.
D.C.

Andante.
N° 41.
f
p
Allegro.
N° 42.

Etendue générale des instruments à pistons.

BARYTON

Système Besson.

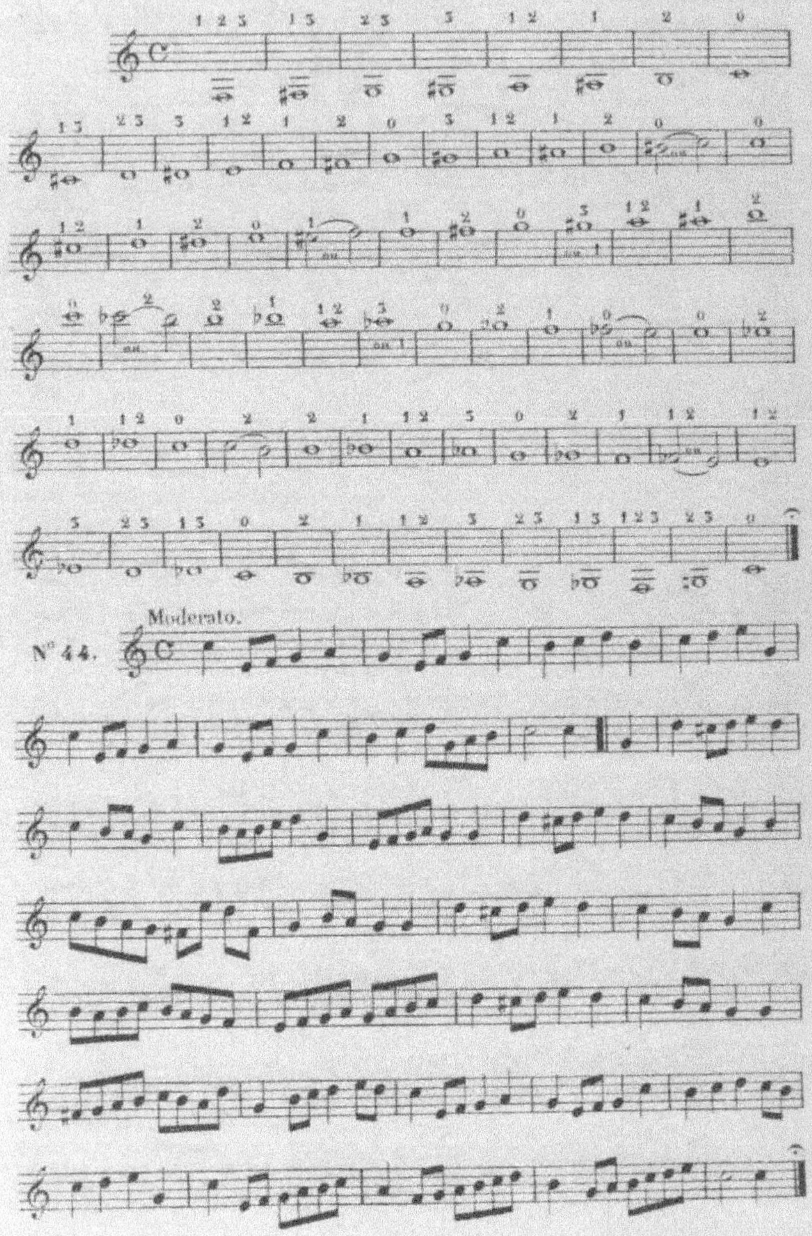

Allegro.
N° 45.
Allegro.
N° 46.

Allegro.
Nº 47.
Allegretto.
Nº 48.

GALOP DES CANOTIERS.
All°. vivace.
N°. 49.

LA REMOISE.

Valse.

N° 50.

ETUDES POUR TROMBONNE ET OPHICLEIDE A PISTON.

Nº. 4.

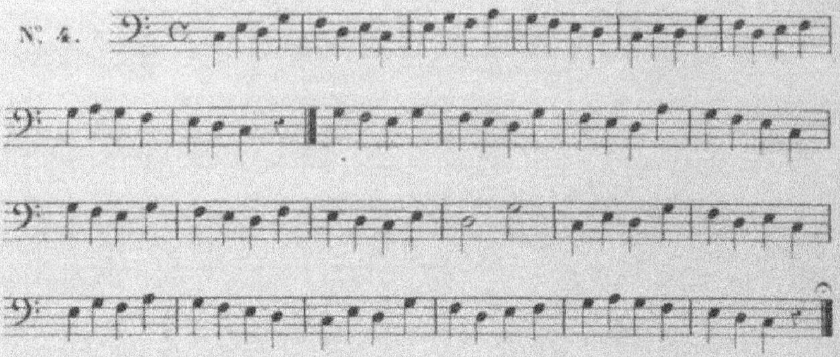

Nº. 5.

Nº. 6.

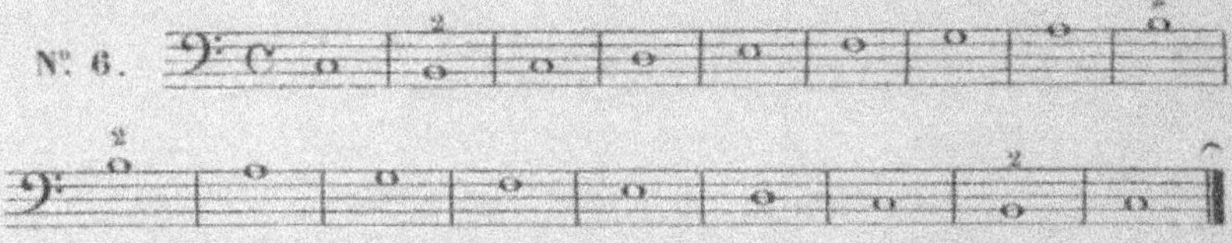

2

2

2

2

Nº. 7.

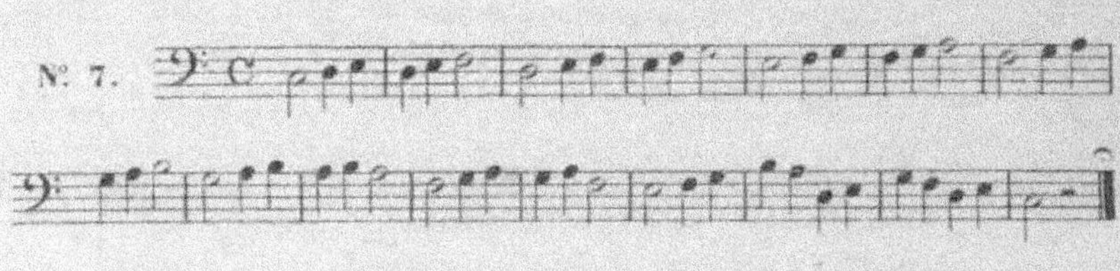

Nº. 8.

Allegro.
N° 9.
Allegretto.
N° 10.

Nº 11.
Nº 12.
Allegro.
Nº 13.
Allegro.
Nº 14.

Andante.
N°. 15.
Rall.
1° Tempo.
Allegretto.
N°. 16.

Allegretto.
Nº. 17.
Andante.
Nº. 18.

Allegro.
Nº. 19.
Andante.
Nº. 20.

Allegro.

Nº 21.

Allegro.

Nº 22.

Allegretto.
Nº 23.

Andante.
N° 24.
ff
pp
Allegro.
N° 25.

LA REMOISE.
Valse.
Nº 26.
ff
pp

FIN.

Paris Imp. MOUCELOT, rue Ct des Pts Champs, 27

www.ingramcontent.com/pod-product-compliance
Ingram Content Group UK Ltd.
Pitfield, Milton Keynes, MK11 3LW, UK
UKHW022140170726
13837UKWH00004B/1682

9 782329 234281